NOTICE

SUR LES

CHAMPIGNONS COMESTIBLES

DU

DÉPARTEMENT DE LOT-ET-GARONNE

ET DES LANDES D'ALBRET,

PAR

MAURICE LESPIAULT,

Peintre d'Histoire Naturelle.

Chaque contrée devrait avoir son livre spécial
sur cette matière. . . . .
NOULET, Champ. com.

Le liège change-escorce abrite de son ombre
Le bolet casque d'or, le funge teste-sombre ;
Et boursouflant en rond les gazons diaprez,
La neigeuse blanchette enfarine les prez.
DU BARTAS.

AGEN,

IMPRIMERIE DE PROSPER NOUBEL.

—

1845.

A

La Société Linnéenne

DE BORDEAUX.

BOTANISTES

Adanson; Familles des plantes; Paris, 1763.
Batsch; Elenchus fungorum; Halæ, 1783.
Bolton.
Brondeau (*Louis de*).
Brongniard (Adolphe).
Bulliard; Herbier de la France, 2 vol. avec 600 planches coloriées; Paris, 1780.
Decandolle; (A. P.) Flore française, t. IV et VI.
Cæsalpin.
Corda.
Noulet et Dassier; Traité des champignons comestibles et vénéneux, qui croissent dans le bassin sous-Pyrénéen, avec figures coloriées, Toulouse et Paris, 1836.
Duby; Botanicon gallicum, t. 2; Paris, 1828.
Dufour (*Léon*); Notice sur les champignons comestibles du département des Landes.
Fries (Elias); Systema mycologicum, t. 1, 3; Gryphiswaldiæ, 1821, 1833.
Gleditsch; Methodus fungorum; Berol, 1753.
Jacquin.
Laterrade.

Léveillé; Agaric; Dict. d'histoire naturelle.
Linneus; Species plantarum; Holmiæ, 1762-63. Fl. succ.; Holmiæ 1745, 1 vol. in-8°.
Micheli; Nova genera plantarum; Florent. 1729.
Montagne (Camille).
Paulet; Traité des champignons; 2 vol; Paris, 1793.
Persoon.
Roques; Histoire des champignons comestibles et vénéneux; Paris, 1832.
Schæffer.
Scopoli.
Saint-Amans; Flore agenaise; Agen, 1821.
Thore; Essai d'une chloris du département des Landes, Dax, 1803.
Tulasne; (Ch. et L. R.).
Turpin; Observations sur l'organisation.... et la reproduction de la truffe; Mémoires du muséum d'hist. naturelle, 1827.
Vahlroth; Flora danica.
Vittadini; Descrizione dei funghi mangerecci più communi del Italia; Milano, 1835.

Le goût de la botanique s'étend de jour en jour, cependant certaines familles de plantes et notamment celle des champignons sont négligées par les amateurs, qui craignent de s'engager dans une étude trop difficile.

Toutefois les champignons, par les phénomènes curieux que présente leur végétation, méritent d'être plus généralement connus; les ouvrages des botanistes modernes ont aplani bien des difficultés, et l'étude de la *Mycologie* offre aujourd'hui beaucoup d'attraits et peu de fatigues; elle promet de vives jouissances à l'homme dont l'esprit est porté vers la contemplation de la nature; et dût-on se borner à bien observer les espèces qui offrent un aliment sain et agréable, cette étude serait encore bien digne d'intérêt.

Paulet et Persoon ont publié des traités généraux sur les champignons comestibles. L'ouvrage des docteurs Noulet et Dassier, enrichi de bonnes figures, se borne à la description des espèces qui végètent dans le bassin sous-pyrénéen. M. Léon Dufour a donné une excellente Notice (1) sur les Champignons comestibles du département des Landes. Notre département ne possède aucun ouvrage spécial sur cette matière importante ; l'auteur de cette notice, jaloux de remplir cette lacune, à peint à l'aquarelle et d'après nature les diverses espèces de champignons qui croissent dans nos contrées ; il n'a rien négligé pour donner à ses dessins toute l'exactitude désirable. Quant à la rédaction du texte, l'auteur a été assez heureux pour recevoir souvent les conseils d'habiles botanistes, MM. Montagne, Moquin-Tandon, Tulasne, Corda.

Il doit surtout témoigner sa vive reconnaissance à M. Louis de Brondeau qui lui a prodigué les avis et les encouragements à son entrée dans la carrière botanique.

---

(1) Cette notice a été imprimée dans les Annales de la Société d'agriculture du département des Landes.

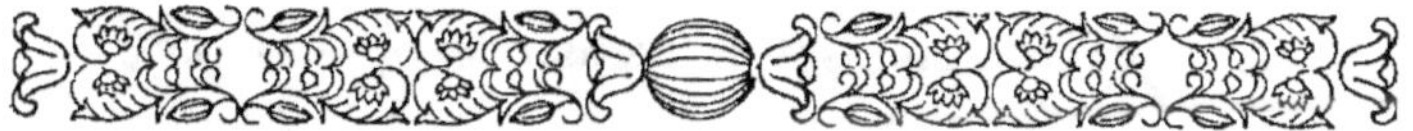

INTRODUCTION.

Généralités. — Tout le monde a une idée de la forme générale des champignons ; cependant il n'est peut-être pas une seule famille de plantes susceptible de se montrer sous des aspects aussi différents. Pour en donner un exemple, il suffira de citer quelques types des grandes divisions admises par les botanistes :

LA TRUFFE, LES VESSE-LOUP,

LE CEP, LA MORILLE,

LES DIVERSES SORTES DE MOISISSURES,

LES UREDO, petits champignons, se développant sur les plantes ; quelquefois à peine visibles, mais offrant un vaste champ aux observations microscopiques.

La structure intime des champignons n'est pas moins variée que leurs formes extérieures, et se trouve toujours en harmonie parfaite avec celles-ci. La plus légère différence entre les organes de reproduction coïncide toujours avec des différences extérieures, et nous retrouvons encore dans les plus simples végétaux une loi analogue à celle qui a été observée dans le règne animal ; loi tellement constante dans toute la série des cryptogames, que la forme des organes fructifères est toujours prise pour base des caractères génériques.

Sans entrer ici dans de longs détails sur la structure des champignons, il sera peut-être utile de donner une courte analyse des différentes dénominations reçues dans la science pour désigner les principaux organes.

EXPLICATION SOMMAIRE DE QUELQUES TERMES.

BASIDES, (*Basidia*). Organes microscopiques de forme variable, se développant sur la membrane hyméniale et servant à soutenir les spores.

CHAPEAU, (*Pileus*). Partie supérieure du champignon ; ordinairement la plus apparente ; très-variable dans ses formes.

COLLIER, (*Velum*). Membrane destinée à protéger les feuillets des agarics et quelquefois les tubes des bolets. D'abord adhérente aux bords du chapeau, elle s'en détache ensuite et retombe en collier sur le pédicule.

FEUILLETS, (*Lamellæ*). Petites lames garnissant en dessous le chapeau des agarics, et disposées en rayons autour du pédicule.

HYMEN, (*Hymenium*). Nom donné à la partie du champignon où se trouvent placés les organes fructifères, comme les spores, les thèques, les basides. L'hymen tapisse les feuillets des agarics, les pointes des hydnes, l'intérieur des tubes dans les bolets, toute la surface extérieure des clavaires, etc.

PÉDICULE, (*Stipes*). Vulgairement pied du champignon.

SPORES, (*Sporæ*). Organes analogues aux graines ou semences et destinées à la reproduction des plantes cryptogames. Les spores ont ordinairement une forme arrondie et sont composées de deux parties distinctes ; la membrane enveloppante s'appelle *Epispore*, et le noyau intérieur, *Nucleus*. Le nucleus est souvent rempli de petites gouttelettes de nature huileuse, selon certains botanistes. (*Véritables spores ?*)

THÈQUES, (*Asci, Thecæ*). Etuis membraneux et transparents, contenant les spores le plus souvent au nombre de huit. Les thèques sont ordinairement rangées les unes à côté des autres, comme les fils du velours, et entremêlées de filaments nommés *paraphyses*.

VOLVE, (*Volva*). Enveloppe générale du champignon avant son développement. C'est ordinairement une membrane molle, d'une forme ovoïde, et qui se déchire ensuite pour donner passage au chapeau. On en voit un exemple dans l'oronge.

Classification. — On a successivement proposé de nombreuses classifications ; d'après celle de M. Adolphe Brongniard, aujourd'hui généralement admise, les champignons sont divisés en quatre ordres :

MUCÉDINÉES (ex. *les Moisissures*).

URÉDINÉES (ex. *les Uredo*).

LYCOPERDACÉES, composées en général d'une enveloppe arrondie (*peridium*), renfermant les spores ; celles-ci peuvent être supportées sur des basides, ou contenues dans des thèques, (ex. *les Vesse-loup*, *les Truffes*).

CHAMPIGNONS PROPREMENT DITS, divisés en deux sous-ordres :

Les *Ascosporés*, c'est-à-dire les champignons dont l[...]es sont contenues dans des thèques (*asci*); (ex. *la Mor[...]es Helvelles*);

Et *les Basidiosporés*, comprenant les espèces dont les spores sont supportées sur des basides (ex. *les Bolets*, *les Agarics*).

C'est au dernier ordre qu'appartiennent tous les champignons comestibles ; la Truffe seule se trouve comme égarée dans les lycoperdacées.

Ce peu de mots suffira pour donner une idée de la classification des champignons ; les caractères génériques qui précèderont la description des espèces, formeront une sorte de complément.

Caractères des champignons alimentaires. — Plusieurs botanistes ont voulu donner des principes généraux tirés des caractères physiques, pour conduire à la détermination des champignons comestibles.

Ainsi, *une saveur agréable, une odeur suave comme celle du cep et du mousseron, seraient le caractère distinctif des bonnes espèces. Les champignons vénéneux, au contraire, auraient constamment une odeur vireuse et repoussante ; leur substance, susceptible de changer de couleur, ne serait jamais attaquée par les limaces.*

Cette dernière observation est dénuée de tout fondement, et donnerait souvent lieu à de funestes erreurs ; car, d'après une pareille indication, le *bolet rubéolaire* pourrait prendre place parmi les champignons comestibles. Les autres caractères n'ont pas une grande valeur, parce qu'ils ne sont pas sans exception.

Ne voit-on pas, en effet, l'*agaric délicieux* si estimé dans les pays du Nord, passer, dans certaines circonstances, du rouge orangé au vert livide? L'*agaric élevé* et la *fausse-oronge* sont presque sans odeur; l'un est comestible, l'autre un violent poison. La *fausse-oronge* n'a pas de goût bien caractérisé, tandis que la *chanterelle*, le *hydne sinué*, certaines variétés de l'*agaric émétique* et d'autres champignons tout-à-fait inoffensifs, ont une saveur acerbe ou poivrée, qui n'engagerait pas du tout à en faire usage.

Les caractères généraux que l'on a cherché à établir méritent donc peu de confiance, et l'on doit seulement s'attacher à bien distinguer les espèces comestibles.

NOTICE

SUR LES

CHAMPIGNONS COMESTIBLES.

GENRE 1er.

TRUFFE; TUBER. (Mich.)

Tubercule globuleux à chair marbrée; spores entourées d'un réseau saillant, contenues d'une à six dans des utricules arrondies, membraneuses, transparentes, disposées entre les veines.

1. TRUFFE COMESTIBLE; TUBER CIBARIUM. (Pl. 1. Fig. 3, 4, 5.)

Sibth., Bull. ch., p. 74, t. 356; St-Am., Fl. ag., p.610.

La truffe comestible commence à végéter vers le mois de mars et se montre d'abord sous forme d'un petit tubercule de couleur rougeâtre ou violacée. A la fin de l'été, elle prend extérieurement une teinte noirâtre, mais elle est encore d'un blanc grisâtre à l'intérieur et à peine marbrée; ce n'est que dans l'hiver qu'elle parvient à sa maturité parfaite. Sa surface est alors noire, chagrinée, ou relevée de petites éminences en pointe de diamant. Sa chair ferme, cassante, d'une couleur bistrée, marbrée de veines blanchâtres, exhale un parfum délicieux.

La truffe varie de la grosseur d'une noisette à celle du poing. Haller parle d'individus qui pesaient jusqu'à quatorze livres ; mais ces monstruosités sont malheureusement bien rares et résultent sans doute de l'agglomération d'un certain nombre d'individus qui, resserrés dans un étroit espace, se sont soudés par approche.

Fructification — L'observation microscopique des organes fructifères de la truffe est des plus curieuses ; on les aperçoit déjà à la loupe, mais un grossissement de trois à quatre cents diamètres devient nécessaire pour donner une idée bien exacte de leur structure. Micheli, dans son *Nova Genera* publié en 1729, en avait déjà donné de bonnes descriptions, malgré l'imperfection de ses instruments. Un siècle plus tard, en 1827, lorsque les microscopes achromatiques vinrent ouvrir un nouveau champ à l'observation, Turpin qui s'est illustré comme peintre et comme naturaliste, publia sur la fructification de la truffe un mémoire fort remarquable, et les observations plus récentes n'ont que légèrement modifié les découvertes de ce botaniste.

Dans la truffe comestible, les spores ont une forme régulièrement ovoïde, et les petites proéminences qui les entourent leur donnent l'aspect d'un jeune fruit de marronnier. D'abord incolores et transparentes, elles ne tardent pas à prendre une teinte rousse qui passe ensuite au bistre et au noir, et cette particularité explique parfaitement les changements de couleur qui se manifestent dans la substance du tubercule : les veines restent toujours blanchâtres parce qu'elles ne renferment pas de spores.

Celles-ci sont contenues, d'une à six, dans des sporanges ou utricules membraneuses, en forme de vessie, et renferment elles-mêmes un grand nombre de petits globules transparents, (*sporules ?*). La grande ressemblance de ces spores avec la truffe déjà formée a fait supposer qu'elles n'étaient que de petits tubercules qui ne demandaient qu'à grossir et à se développer ; mais la plupart des botanistes ne partagent pas cette opinion, et pensent que, dans le cours de leur végétation, ces spores doivent se modifier et changer de forme comme dans les autres champignons.

Végétation. — On trouve des truffes dans presque toutes les contrées de la France ; celles du Périgord sont les plus estimées à Paris, où l'on ne connaît guère la truffe des Landes qui reste dans le département pour fournir à ses besoins gastronomiques. Celle-ci a cependant sur toutes les autres variétés, une supériorité incontestable et se vend toujours à plus haut prix, ce qui tient réellement à la différence des qualités. La truffe du Périgord est toujours encroutée d'une épaisse couche de terre, tandis que la truffe des Landes s'offre sous un aspect séduisant ; sa surface, à peine couverte de quelques grains de sable, ne demande pas de lavages réitérés. Elle est ordinairement plus grosse, plus savoureuse, plus parfumée que la truffe du Périgord. En un mot, et cela suffirait pour justifier notre préférence, c'est la truffe des Landes que **M.** Tertre emploie exclusivement à confectionner les fameuses terrines de Nérac, dont les *Chevet* et les *Corcelet* n'ont pu atteindre la délicieuse perfection.

La lisière des landes produit abondamment la truffe dont nous venons de parler et plusieurs autres espèces fort curieuses, mais qui n'ont guère de valeur que pour le botaniste. On y trouve des *Balsamia* nauséabondes, des *Melanogaster* qui sentent la compote de poires, des *Genea verrucosa* et *rotunda*, des *Hysterangium*, plusieurs espèces de *Truffes* roussâtres, qui rebutent les amateurs par une forte odeur de gaz d'éclairage.

Toutefois, la truffe comestible est loin de se trouver partout, dans les vastes espaces de terres incultes qui s'étendent jusqu'aux dunes. Le département des Landes ne renferme peut-être pas un seul de ces délicieux champignons. « A ce mot de truffe, nous dit **M.** Léon Dufour, vous pourriez peut-être vous créer des illusions ; je me hâte de vous détromper ; notre département est deshérité de ce précieux tubercule, que le Périgord exhume de son sein et fait irradier dans toute l'Europe gastronomique. La truffe du département des Landes ressemble beaucoup à une grosse pomme de terre blanchâtre, et son nom est presque une épigramme. »

Ce n'est pas seulement la lisière des landes qui nous fournit d'excellentes truffes ; on en trouve encore dans un grand nombre d'autres localités, aux environs de Nérac, d'Agen, et probablement aussi dans les arrondissements de Marmande et de Villeneuve.

La truffe se plait surtout dans les terrains blanchâtres, de nature argileuse, mêlés de sable et de gravier. Elle ne se rencontre jamais dans les terres substantielles ; et l'on pourrait dire, en prenant le proverbe dans une acception un peu différente :

Ubi uber, ibi non tuber.

La truffe végète souvent à deux ou trois pouces au-dessous du sol, mais on la trouve jusqu'à un pied de pro-fondeur. (1) Elle vient ordinairement dans les bois un peu clairs, dans le voisinage des grands arbres, dans les friches, quelquefois aussi dans les vignes, dans les

---

(1) M. le baron de B.***, ancien membre du Conseil-Général, propriétaire du domaine de *Saint-Lary*, situé sur la lisière des Landes, a bien voulu nous communiquer les notes suivantes, résultat de ses propres observations :

« Lorsqu'on recueille les truffes dans la Lande, si l'on marque la place fouillée pour y faire une nouvelle recherche l'année suivante, il faudra creuser plus profondément cette seconde fois ; l'expérience a prouvé très-souvent que les truffes se rencontrent sur le sol ferme, et précisément au point où finit la couche remuée. Une troisième recherche au même lieu exige encore une tranchée plus profonde ; et il faudrait souvent creuser jusqu'à cinquante centimètres, pour obtenir ces dernières récoltes. Les personnes qui n'ont pas désespéré de réussir dans leurs semis de truffes, devront tenir compte de cette circonstance. L'on sait d'ailleurs que les jardiniers qui sèment des graines très-fines comme de la raiponce et du tabac, ne manquent pas de battre fortement le sol, avant de répandre leurs graines, qu'ils recouvrent ensuite d'une légère couche de sable ou de terreau. »

champs, au bord des chemins. Lorsque les truffes naissent près de la surface du sol, elles le soulèvent légèrement ; des mouches bleues et quelques tipules qui peuvent alors les atteindre, voltigent au-dessus pour y déposer leurs œufs. On peut encore reconnaître une truffière à l'absence de gazon et de grandes herbes ; elle se dessine assez nettement sur le sol qui est comme frappé de stérilité : on y aperçoit seulement quelques mousses et de maigres graminées.

On peut aussi remarquer que la terre fait entendre un son creux quand on la frappe du pied, et répand une odeur de truffe bien caractérisée ; mais ces indices sont d'une faible utilité, et l'on emploie ordinairement à cette recherche des pourceaux qui, guidés par un odorat subtil, découvrent les truffières de loin. En un instant, ils ont bouleversé le sol ; et comme on a tout à redouter de leur voracité, la plus grande surveillance devient nécessaire ; il faut être prompt à les éloigner et à les récompenser en leur jetant des grains. En Angleterre et en Piémont, on a réussi à dresser des chiens à cette espèce de chasse.

Les meilleures truffes se récoltent du mois de novembre au mois de février ; plus tard elles perdent leur arôme, se ramollissent, se décomposent et tombent en dissolution. C'est alors que les eaux s'infiltrant dans les terres dispersent et entraînent les semences.

Culture. Déjà dans le siècle dernier, plusieurs botanistes avaient tenté de soumettre la truffe à une culture régulière. Les expériences de Sterbeek ne réussirent pas toujours, mais donnèrent cependant quelques résultats favorables. De nos jours, de nouveaux essais plus ou moins heureux sont venus mettre en émoi le monde gastronome ; et s'il y a eu malheureusement quelques expériences infructueuses, espérons d'un autre côté que certains succès, qu'on ne peut mettre en doute, engageront les botanistes et les propriétaires à faire de nouvelles tentatives.

Peut-être verrons-nous, un jour, la truffe cultivée à côté du champignon de couche !

Il y a quelques années, un naturaliste allemand, M. Alexandre Van Bornhols, a publié d'intéressantes observations sur la culture artificielle de la truffe. Les moyens qu'il propose offrent quelques difficultés, mais il serait possible de les simplifier ; voici les principaux résultats auxquels M. Bornhols a été conduit par ses expériences.

On choisit dans un bois un peu clair ou dans un jardin ombragé de quelques arbres un terrain frais et léger. Si le sol est de nature calcaire et légèrement ferrugineux, il se trouve dans les conditions les plus favorables ; quand il est trop compacte, on y ajoute une certaine quantité de sable, et de la mine de fer pulverisée s'il n'en contient pas. On pratique, de distance en distance, plusieurs fosses que l'on remplit de terre provenant de feuilles de chêne et de charme en décomposition.

Le commencement de l'automne semble être la saison la plus favorable aux semis. Il faut choisir des individus d'une belle grosseur, bien fermes et dans un bel état de végétation, et les enlever, s'il est possible, avec la terre qui les entoure ; on les met dans des caisses, que l'on achève de remplir avec la terre de la truffière, et qu'on transporte ensuite sur les lieux après les avoir fermées avec soin. On ouvre ces caisses à l'ombre et on dépose les truffes de deux à six pouces de profondeur, dans les fosses préparées d'avance. Les trous doivent être remplis de terre prise dans la truffière naturelle et recouverts ensuite de quelques branches de chêne. La truffière ainsi établie on n'y touche plus que pour arracher quelques plantes trop vigoureuses qui pourraient épuiser le sol. La première année, la multiplication est sans doute trop faible pour permettre de profiter du semis ; mais s'il se trouve seulement quelques tubercules, on peut être sûr que la

transplantation a réussi, et que les années suivantes donne-
ront d'abondantes récoltes.

Bien souvent, toutes ces précautions ne sont pas néces-
saires, et un heureux hasard nous sert mieux que les plus
judicieuses combinaisons.

« M. le comte de Noë allant présider, il y a quatre ou
cinq ans, le grand collège du département du Gers, prit
en passant à Cahors une certaine quantité de truffes, qui
furent employées à farcir des dindes; ayant aperçu les
pelures et le résidu de ces truffes, que son cuisinier des-
tinait à la basse-cour, il lui vint en idée de faire un essai
dans son parc et de les y semer. Il fit simplement nettoyer
un terrain sous des charmes et des chênes; et, après y
avoir déposé lui-même ces pelures et résidu de truffes, il
fit recouvrir le tout de terreau et de feuilles mortes. L'année suivante, on oublia d'examiner si l'essai avait réussi;
mais la seconde année, on s'aperçut que le sol était sou-
levé dans l'endroit même où l'on avait semé les truffes;
on fouilla légèrement le terrain et elles parurent de suite
à la surface; elles étaient noires, sèches, chagrinées et de
bon goût. » *Roques.*

Effets physiologiques. — La truffe a de tout temps été
considérée comme un aliment délicieux; qui voudrait lui
comparer aujourd'hui le cep, ou même l'oronge, *ce mets des
dieux?* Les Grecs et les Romains, nos maîtres en gastro-
nomie, ont su l'apprécier à toute sa valeur, et les Athé-
niens accordèrent le droit de cité aux enfants de Chérips,
l'inventeur d'un ragoût aux truffes.

Quelle que soit sa préparation, la truffe fournit toujours
un mets distingué, et son usage est général. Quant à ses
vertus diététiques, on ne doit pas moins les apprécier que
ses qualités culinaires; c'est bien gratuitement qu'on lui a
reproché d'être indigeste et de surexciter le système ner-
veux. Nous aimons mieux croire avec Barthès, Broussais,
et plusieurs autres médecins philosophes, que la truffe

agit seulement sur l'organisation comme un léger stimulant, à peu près comme le thé ou le café, et produit une sorte d'ivresse joyeuse, qui épanouit le cœur, augmente l'activité du cerveau, et exalte légèrement l'imagination. — *Au bois des Demoiselles ; — au Tasta dans un terrain calcaire planté en vigne ; — à Hordosse dans une prairie de sainfoin ; — dans la charmille de Banquets ; — dans les champs sablonneux de Douat.*

GENRE 2ᵐᵉ.

HELVELLE ; HELVELLA. (Gled.)

Chapeau formé d'une lame plus ou moins lobée et contournée, fructifère à la surface supérieure ; Thèques allongées octo-sporées, entremêlées de paraphyses filiformes ; Spores s'échappant par jets instantanés.

2. HELVELLE CRÉPUE ; HELVELLA CRISPA. (P. 7. Fig. 1, 2.)

Fries, syst. 2, p. 14 ; Phallus crispus, Mich. ; H. mitra, var. alba et fusca, Bull., t. 190 et 166 ; St-Am., Fl. ag., p. 537.

Cette espèce, qui par sa consistance a quelque analogie avec la morille, est d'une qualité médiocre ; aussi n'en fait-on guère usage. Le chapeau est formé d'une lame contournée qui prend ordinairement l'apparence d'une mitre ; le pédicule est cannelé, creux et lacuneux ; tout le champignon a la transparence et la fragilité de la cire. Il est quelquefois blanchâtre, quelquefois presque noir. De là, deux variétés : *Helvella alba* et *Helvella fusca* ; la dernière est fort commune dans les Landes. — *Garenne de Saint-Martin ; — charmille de Pierron ; — garenne du Tasta.*

GENRE 3ᵐᵉ.

MORILLE ; MORCHELLA. (DILL.)

Chapeau à côtes réticulées, lacuneux, fructifère à l'extérieur ; Thèques allongées, octo-sporées, entremêlées de paraphyses.

3. MORILLE COMESTIBLE ; MORCHELLA ESCULENTA. (Pl. 3 Fig. 3.)

Pers. syn. 618 ; *Phallus esculentus, Linn., sp.* 1648 ; *Bull., t.* 218 ; *St-Am., Fl. ag., p.* 591. (En gascon, MOURILLO ; MERIGOULO.)

Ce champignon, un des meilleurs dont on puisse faire usage, a une forme bien caractérisée, qui ne permet pas de le confondre avec les espèces vénéneuses. Il se reconnaît au premier coup d'œil, à son chapeau irrégulièrement ovoïde creusé de lacunes sinueuses, et dont la structure rappelle une ruche d'abeilles. On en distingue deux variétés ; la première est d'un blanc jaunâtre, l'autre d'un gris enfumé. La morille commence à se montrer au mois de mars, et disparaît avant la fin du printemps ; on ne la voit jamais en été ni en automne. Elle se plait dans les terrains argileux, sur les coteaux ombragés, et n'est pas très communé dans nos contrées.

Elle se dessèche avec facilité, mais on la mange ordinairement dans son état de fraîcheur. On peut la préparer comme le cep ou bien comme les aubergines, en la coupant en deux et la mettant sur le gril. On l'arrose d'huile et on remplit sa cavité d'un hachis composé d'ail, de persil et de chapelure de pain.

La forme toute particulière des morilles donne la facilité de les apprêter d'une manière fort distinguée. Après les avoir lavées et bien essuyées, on les ouvre au bout du pédicule et on les remplit d'une farce fine où l'on fait entrer à volonté, de la volaille, des anchois, de la chapelure de pain, des fines herbes, etc. On les fait cuire au jus de jambon et on les sert brûlantes. Elles sont aussi très-bonnes dans un pâté chaud, ou en fricassée de poulets. — *Garenne de Saint-Martin.*

GENRE 4me.

CLAVAIRE ; CLAVARIA. (VAILL.)

Champignons rameux ou en forme de massue ; Hymen couvrant toute la surface ; Basides quadri-sporées.

4. CLAVAIRE CORALLOÏDE ; CLAVARIA CORALLOIDES. (Pl. 4. Fig. 5, 6.)

Linn. suec. 1268 ; *Bull.*, t. 222 et 496 ; *Fl. ag.*, p. 540. (Vulg. BARBE DE CHÈVRE.)

Ce singulier champignon est formé de rameaux disposés à peu près comme les branches du corail ; ils partent d'une souche commune et se bifurquent plusieurs fois. Leur chair est tendre, fragile, et fournit un aliment d'un goût agréable ; cependant on en fait peu usage. — La couleur en fait distinguer plusieurs variétés que certains auteurs érigent en espèces. La variété jaune naît dans les terrains sablonneux de notre département, et elle est fort commune dans les Landes de *Saint-Lary*. La variété grise ou d'une couleur cendrée, est peut-être plus délicate que l'espèce précédente ; elle se plait surtout au bord des taillis et dans les bois des collines. — *Garenne du Tasta, près de Nérac.*

GENRE 5me.

HYDNE ; HYDNUM. (LINN.)

Chapeau garni ou dessous de pointes fructifères ; Hymen formé de basides ordinairement quadri-sporées.

5. HYDNE SINUÉ ; HYDNUM REPANDUM. (Pl. 9. Fig. 1, 2.)

Linn. suec. 1258 ; *Bull.*, t. 172 ; *Fl. ag.*, p. 545. (En gascon, BROUQUICHOU.) (1)

Le Hydne sinué naît dans les bois, après les grandes pluies du mois d'octobre, et couvre souvent de grands espaces. Il est d'une couleur roussâtre, quelquefois presque blanc. Le chapeau, d'une forme assez irrégulière, est

---

(1) *Brouquichou*, du gascon *Broc*, épine.

ordinairement ondulé ou sinué sur les bords. Les pointes sont serrées et très-fragiles. Le pédicule est assez gros, souvent excentrique.

La chair de ce champignon, blanche, ferme et cassante, a un goût piquant et un peu acerbe que la cuisson fait disparaître. Il fournit alors un aliment fort agréable. — *Garenne du Tasta.* (1)

GENRE 6me.

BOLET; BOLETUS. (DILL.)

Chapeau pédiculé, garni en dessous de tubes fructifères se séparant aisément de la chair; Tubes garnis à l'intérieur de basides quadri-sporées.

6. BOLET COMESTIBLE; BOLETUS ESCULENTUS.
(Pl. 11. Fig. 1, 2, 3, 4.) (*Pers.*) (2)

Suillus esculentus, Cæsalp.; Boletus edulis, Bull. ch., p. 322, *t.* 60; *Cep à tête rousse, Paulet, p.* 366. (Vulg. CEP.)

Tout le monde reconnaît le cep à son large chapeau enfumé, à ses tubes, d'abord blancs, qui prennent ensuite une teinte jaune, puis verdâtre; enfin à son gros pédicule, toujours renflé à la base et finement réticulé au sommet. Sa chair épaisse, ferme et d'un beau blanc, ne change jamais de couleur, comme celle du bolet rubéo-

---

(1) Ici devrait venir *la Fistuline Langue de Bœuf, (Bull)*. Nous faisons mention de cette détestable espèce, seulement pour nous conformer à un certain point au préjugé des auteurs qui depuis Paulet lui donnent une place héréditaire dans leurs traités. Mais ce champignon, *loin de fournir amplement de quoi faire un bon repas*, a une saveur acide fort désagréable, et à peu près la consistance d'un cuir bouilli.

(2) Cette espèce doit être depuis long-temps connue comme alimentaire.... Les amateurs d'antiquités ont pu remarquer des corbeilles de ceps dessinées sur les belles mosaïques romaines récemment découvertes au-dessus de la Garenne de Nérac.

laire, par exemple (1). Il est susceptible de varier beaucoup de forme et de couleur, selon l'influence du climat et de l'exposition ; à l'ombre des bruyères , la teinte du chapeau demeure pâle ou d'un roux blanchâtre; à l'air et au soleil, elle devient d'un bistre foncé. Le climat n'a pas moins d'influence ; le cep du Nord est plus long , plus *lymphatique* que le cep méridional , si ferme et substantiel. Les mêmes différences s'observent encore entre les champignons à chair molle et spongieuse qui végètent dans les endroits humides , et ceux qui se développent sur les terrains secs et découverts. Ces derniers sont toujours plus parfumés , plus savoureux.

Les spores du bolet comestible sont très-allongées et d'une couleur olivâtre , comme on peut le voir en laissant reposer les tubes pendant quelques heures sur une feuille de papier. Ce qu'il y a de bien surprenant, c'est que ces spores puissent résister à l'ébullition , sans perdre leur

---

(1) C'est à celui-ci et au *Bolet indigolier* qu'on a donné, dans les campagnes , le nom de *faux ceps* ; mais les champignons à tubes d'un rouge sanglant, et ceux dont la chair prend une belle couleur bleue quand on l'entame, provoquent assez naturellement la méfiance , et ne sont pas véritablement dangereux ; on en voit souvent de légions nombreuses renversées par les passants.

Une seule espèce, qui, dans son premier âge , a la plus grande ressemblance avec le bolet comestible, pourrait donner lieu à de funestes méprises; c'est le *Bolet chicotin* , heureusement fort rare dans le département , mais assez commun aux environs de Paris. On peut le reconnaître à son amertume excessive ; il a d'ailleurs le pédicule un peu plus mince que celui du cep , et ses tubes d'abord blancs, prennent bientôt une teinte rose.

Nous mentionnerons une autre espèce fort commune sur la lisière des bois et au bord des chemins , *le bolet commun* de Bulliard. Son chapeau est grisâtre, fauve , rougeâtre , et se crevasse souvent dans un âge avancé; les tubes sont larges et toujours d'un beau jaune; le pédicule grêle et jaunâtre au sommet , est sillonné de quelques stries violacées; la chair bleuit légèrement quand on l'entame , et c'est peut-être pour cette raison qu'on n'en fait guère usage ; cette espèce est pourtant alimentaire.

M. Laterrade de Condom , mycophile distingué , estime beaucoup le bolet commun; il l'a souvent cueilli dans les bois de Meudon et nous a initié à son usage.

vertu germinative. M. Thore rapporte dans sa *Chloris des Landes* que pour ranimer la fertilité des terrains qui ne produisent plus de ceps et de palomets, les paysans arrosent le sol avec l'eau dans laquelle ils ont fait bouillir une grande quantité de ces champignons, et que ce moyen ne manque jamais de réussir.

Le cep est fort commun dans tous les terrains boisés ; il vient mieux dans les futaies que dans les taillis.

On le trouve en grande abondance aux bois *Bedats* et au *Padouen*, dans l'arrondissement de Nérac. Il est assez rare dans les Landes.

Dans nos contrées, la première récolte se fait au mois de mai, mais le cep n'a pas encore une saveur bien prononcée, et on lui attribue même des qualités nuisibles ; de là le proverbe gascon :

> *Lou cep de May*
> *Tuo pay et may.*

On le voit naître aussi après les pluies chaudes du mois d'août, dans le mois de septembre et jusqu'à la fin d'octobre. On le porte alors en si grande abondance sur nos marchés, que la consommation de la viande de boucherie diminue considérablement.

Notre manière de préparer le cep se rapproche beaucoup de la méthode bordelaise : On commence par supprimer le pédicule ; on pèle les chapeaux avec soin et on les jette dans l'huile bouillante. On peut employer aussi le beurre et la graisse pour les faire frire. Quand la cuisson est à peu près terminée, on ajoute un hachis composé d'ail, de persil et de la partie la plus saine des pédicules ; on y joint ordinairement de la chapelure de pain, et on assaisonne le tout de poivre et de sel. On peut encore faire cuire les ceps sur le gril en les arrosant d'huile et les couvrant de ce même hachis ; préparés au gratin, ils ne sont pas moins délicats.

On conserve ces champignons en les desséchant au soleil ou au coin du feu après les avoir suspendus à un fil. Il faut avoir soin de choisir, pour cet usage, de jeunes individus fermes et bien sains ; ceux qui sont avancés en âge ou attaqués par les vers, ne manqueraient pas de se gâter. Plus tard, on les fait revenir dans l'eau tiède et on les laisse se ramollir toute la nuit avant d'en faire usage. On peut les mettre en ragoût, ou bien les préparer comme dans leur état de fraîcheur. Ceux que l'on conserve par le procédé Appert ne perdent rien de leur arôme. — *Bois Bédat , Padouen d'Andiran.*

7. BOLET BRONZÉ ; BOLETUS ÆREUS. (Pl. 11. Fig. 5.)

Bull. ch., p. 321, t. 385 ; *St-Am., Fl. ag.*, p. 553. (Vulg. CEP NOIR.)

Ce champignon a le pédicule roussâtre et réticulé, les tubes blancs ou jaunâtres, la chair blanche, vineuse sous l'épiderme. Il se distingue du Bolet comestible, surtout par la belle couleur noire du chapeau. Il est commun dans les bois du *Petit-d'Anguil*, et au moins aussi estimé que l'espèce précédente.

8. BOLET MARRON ; BOLETUS CASTANEUS. (Pl. 9. Fig. 3, 4.)

Bull, p. 324, l. 328 ; *St-Am., Fl. ag.*, p. 554. (Vulg. SABLET.)

Ce bolet est assez commun dans les environs de Nérac. Dans les Landes on le mange sous le nom de *Sablet* ; il a une odeur faiblement caractérisée , mais une saveur assez délicate.

On le reconnaît à son chapeau marron et d'un aspect velouté, convexe dans sa jeunesse, ensuite déprimé au centre. Les tubes sont fins, blancs d'abord, et puis jaunes. Le pédicule cylindrique et parfaitement lisse, a aussi la couleur et le velouté du chapeau ; il est blanc, spongieux à l'intérieur, et se termine ordinairement par une large touffe de fibres radicales. Il est recouvert d'une écorce dure, dont les fibres sont disposées circulairement ; voilà pourquoi il se casse net au moindre effort. C'est aussi à cette cause qu'il faut attribuer les crevasses horizontales qui l'entourent. — *Garenne et Passade de Saint-Martin ; Landes.*

Hauteur et diamètre du champignon, 2 à 4 pouces.

9. **BOLET VISQUEUX ; BOLETUS VISCIDUS.** (Pl. 3. Fig. 1, 2.) (*Linn.*)

α. SCABER. — *B. scaber, Bull.,* t. 132 ; *Fl. ag.*, 555, n° 26.

ϐ. AURANTIACUS. — *B. aurantiacus, Bull.,* t. 236 ; *Fl. ag., p.* 555, n° 27.

(En gascon, TREMOU, TREMOULET ; En français, ROUSSILLE, GIROLLE ROUGE.)

On en distingue deux variétés : la première a le chapeau très-convexe, d'une couleur bistrée ; les tubes et le pédicule sont d'un blanc sale ; celui-ci est long, assez grêle, et couvert de petites aspérités très-nombreuses, ce qui lui donne l'aspect d'une rape. La substance est blanche et se ramollit promptement avec l'âge. La seconde variété se distingue de celle que nous venons de décrire, par sa taille en général plus élevée, surtout par la couleur rouge-orangé du chapeau. On la porte plus souvent que la première sur nos marchés. Ce champignon a un goût douceâtre et dépourvu d'arôme ; il est d'une qualité médiocre. — *Charmille de Pierron ; Padouen d'Andiran.*

GENRE 7me.

CHANTERELLE ; CANTHARELLUS. (ADANSON.)

Champignons charnus et membraneux, sans voile ; Chapeau muni en dessous de plis ou de nervures rameuses fructifères ; Hymen formé de basides qui soutiennent de 4 à 6 spores.

10. **CHANTERELLE COMESTIBLE ; CANTHARELLUS CIBARIUS.**

(Pl. 6. Fig. 3, 4, 5.) (*Fries.*)

Agaricus cantharellus, Linn., Suec., 1207 ; *Bull.,* t. 62, p. 505 ; *Fl. ag., p.* 556. (En gascon, LECASSENO, CASSENO (1), AOUREILLETO.)

La Chanterelle comestible est un petit champignon d'un jaune doré, qui naît en automne dans nos bois, et commence quelquefois à paraître à la fin du printemps.

___

(1) De *cassé*, chêne.

D'après M. Dufour, le mot *lecassène* viendrait du gascon *leca* lecher.

Le pédicule est continu avec le chapeau ; et celui-ci, d'abord convexe, se creuse bientôt en entonnoir et se festonne sur les bords. Il est garni inférieurement de nervures bifurquées et diversement anastomosées. La chair de la chanterelle est d'un blanc jaunâtre ; elle a une saveur légèrement poivrée, que la cuisson fait disparaître. Son odeur est délicieuse, et son goût assez agréable. — *Landes*; *garenne du Tasta*; *bois du Lavaï.*

GENRE 8ᵐᵉ.

AGARIC; AGARICUS. (LINNÉ.)

Chapeau inférieurement garni de lames fructifères ; Hymen formé de basides ordinairement quadri-sporées et d'antéridies proéminentes.

Section PLEUROPE. (*Pers.*)

Pédicule nul, latéral ou excentrique ; Point de volva.
†† *Spores roses.*

11. AGARIC GLANDULEUX ; AGARICUS GLANDULOSUS.
(Pl. 10. Fig. 3, 4.)

Bull., t. 426.(Vulg. SUBRERATO.)

Ce champignon, qui ne se trouve pas mentionné dans la *Flore Agenaise*, est fort rare dans toutes les parties de la France, et M. Léveillé dit qu'il ne l'a vu qu'une seule fois dans l'espace de vingt ans. Les landes sablonneuses et boisées semblent être le domicile naturel de l'Agaric glanduleux. Il se trouve en grande abondance sur presque tous les surriers (1) morts ou languissants. On le voit souvent sur le tronc de ces arbres à une hauteur de quinze à vingt pieds. Il se développe à la fin de l'automne et pendant l'hiver. Les paysans le connaissent sous le nom de *Surrerato*, et le mangent coupé en tranches minces et frit à la poële ; il a tout-à-fait le goût et la consistance de l'Agaric en conque, *Jacq.* ; Agaric dimidié, *Bull.*, qui vient sur les noyers, les peupliers et d'autres arbres ; il n'en diffère guère d'ailleurs que par des houppes velues et glanduleuses, placées de distance en distance à la surface des feuillets ; sa forme ressemble à celle d'une coquille ; la surface supérieure est d'une couleur bistrée ou d'un gris ardoisé ; la chair et les feuillets sont très-blancs ; il est ordinairement imbriqué et croît en groupes nombreux. La figure qu'en a donné Bulliard est assez exacte.

C'est à tort que Fries, et d'autres auteurs après lui, ont placé ce champignon dans la série des *Leucosporés* ; les spores ont toujours une couleur d'un rose violacé.

Section RUSSULE ; RUSSULA. (*Pers.*)

Pas de volva ; Pédicule central ; Feuillets presque tous égaux entre eux, sans bourrelet annulaire.

††† *Spores jaunes.*

12. AGARIC ÉMÉTIQUE ; AGARICUS EMETICUS. (Pl. 8. Fig. 3.)

Schœf., t. 14 ; *Ag. pectinaceus, Bull.*, t. 509, p. 599 ; *St-Am., Fl. ag.*, p. 561. (En gascon, CRUSAOUDO.)

Voici le plus commun de tous les Agarics ; il naît en automne dans tous les bois. On en distingue plusieurs variétés, toutes également comestibles. Cependant, celle qui est d'un rose vif ou d'un vermillon éclatant, a une

---

(1) *Surrier*, contraction de *Suberrier*, du latin *Suber* .. Nom particulier au chêne liège, comme l'yeuse est celui du chêne vert.

saveur poivrée et presque brûlante ; tandis que les variétés d'un rouge plus terne ou d'une couleur différente, sont très-douces au goût. C'est la variété rouge que nous avons vue le plus souvent sur les marchés de Toulouse ; on en fait aussi usage dans nos contrées, et les paysans la mangent cuite sur le gril. Comment concilier ces faits avec les observations des mycologues du Nord, qui donnent l'Agaric émétique comme une espèce vénéneuse ? Renferme-t-il réellement un principe nuisible que la cuisson fait disparaître ; ou bien, une plante qui fournit ici un aliment agréable, est-elle ailleurs un violent poison ? Nous n'essaierous pas, dans cette courte notice, d'éclaircir cette question importante ; nous nous abstiendrons seulement de conseiller l'usage de la variété rouge, parce qu'il est difficile de la distinguer de l'Agaric sanguin. Quant aux autres variétés, on peut les cueillir en toute confiance.

Caractères botaniques. — Chapeau d'abord convexe ; déprimé, concave et déformé dans la vieillesse ; d'une couleur qui peut être blanche, jaunâtre, brune, verdâtre, rose vif, rouge éclatant ou rouge terne. De là autant de variétés. Feuillets libres, blanchâtres ou lavés d'ocre jaune ; presque tous égaux en longueur. Pédicule blanc, cylindrique, aminci à la base, souvent lavé ou strié de rose. — *Garenne de Saint-Martin ; bois du Cauderè — du Basco.*

13. AGARIC PALOMET ; AGARICUS PALOMET. (Pl. 1. Fig. 2.)

Thore, Chloris des Landes, p. 477 ; *Fl. ag.*, p. 491. (En gascon, PALOUMETO.) (1)

Chapeau d'un gris blanchâtre vers la circonférence, avec des reflets verts, cendrés ou bleuâtres au centre ; prenant avec l'âge une teinte sale ; pédicule plein, d'une couleur

---

(1) Du gascon *Paloumo*, palombe ; sans doute à cause de sa couleur.

blanche ; chair blanche, tendre, cassante, d'un goût assez agréable.

Le palomet est une russule peu différente de l'agaric émétique (variété verte), et non une espèce de mousseron comme le prétendent Paulet et d'autres auteurs qui ont écrit après lui.

On trouve ce champignon dans les landes sablonneuses et boisées ; il est commun dans les *surrédes de Saint-Lary*.

Section LACTAIRE ; LACTARIUS. (*Pers.*)

Point de volva ; Pédicule central ; Suc laiteux.

Observation. — Les lactaires sont presque tous vénéneux ; il y en a cependant quelques-uns de comestibles ; et, sur la lisière des landes, on fait usage des deux espèces que nous allons décrire.

† *Spores blanches.*

14. AGARICUS ICHORATUS ? (Pl. 6 Fig 2.) (*Fries.*)

(En gascon, Baquèro.) (1)

Le chapeau de ce champignon est déprimé au centre ou irrégulièrement creusé en entonnoir, et d'un roux plus ou moins foncé. Les feuillets sont d'un blanc sale ou jaunâtre ; le pédicule, un peu moins coloré que le chapeau et à peu près cylindrique, s'amincit légèrement à la base ; le lait et la chair de ce champignon sont blancs et ne prennent pas à l'air une teinte jaune ; ce caractère empêche de le confondre avec l'*Agaric théiogale* (*Bull.*), dont il a

---

(1) Le suc laiteux de ce champignon lui a fait donner le nom de *baquèro*, du mot gascon *Baquo*, vache.

l'apparence. Il a d'ailleurs la saveur douce et non âcre et piquante comme cette dernière espèce. L'Agaric théiogale étant vénéneux, il est nécessaire d'observer attentivement ces différences.

La *Baquère* commence à se montrer au mois de novembre, et se trouve en abondance sur la lisière des landes; on la porte souvent sur nos marchés.

†† Spores jaunes.

15. AGARIC DÉLICIEUX ; AGARICUS DELICIOSUS. (Pl. 8. Fig. 1 , 2.)
(Linn.)

Le Rougillon des Toulousains, Paulet, p 186, pl.; Ag. deliciosus, St.-Am.,
Fl. ag., p. 564. (Vulg. CATALAN.)

Cette espèce peu commune en France , et que M. de Saint-Amans nous donne comme une des plus rares du département, croît en grande abondance dans les landes d'Albret et en général dans tous les bois de pins. Elle ne commence guère à paraître qu'au mois de novembre, et résiste quelquefois aux froids de l'hiver. L'Agaric délicieux est fort commun dans les pays du Nord ; Linné assure que les Suédois en font le plus grand cas. On l'apprécie beaucoup moins dans nos contrées, et les paysans qui viennent le porter au marché ne sont que bien faiblement dédommagés de leur peine. Cet agaric est cependant d'un goût agréable et légèrement sucré ; mais il n'a pas l'arôme du cep ou du champignon de couche. On le fait frire à l'huile ou à la graisse, et la cuisson lui enlève son âcreté. Dans le Nord, on le conserve en le faisant saler dans des terrines ; c'est ainsi que le prépare, pour son usage, un des mycophiles de Nérac, M***, ancien professeur de philosophie à Warsovie.

Quoiqu'il soit comestible, l'Agaric délicieux a cependant toutes les apparences d'un champignon vénéneux ; il est de la tribu des lactaires et les parties où il a été froissé prennent, au bout de quelque temps, une belle couleur vert-de-gris. *Ces Agarics d'un aspect sinistre* (1), que M. L. Dufour a observés sur les marchés de Barcelone, ont tous les caractères de l'Agaric délicieux ; celui-ci porte dans les Landes le nom de *Catalan*, et ce que nous venons de dire pourrait bien donner la clef de l'étymologie de ce mot. Dans les environs de Toulouse, on l'appelle *Rouzillon* ; cette particularité, rapprochée de la description que Paulet a donnée d'un Agaric, qu'il nomme *Rougillon des Toulousains*, ne nous permet pas de douter de l'identité des deux espèces (2).

Caractères botaniques. — Chapeau couleur brique-pâle, ordinairement zoné, convexe, puis déprimé au centre ; bords roulés en dessous, relevés ensuite en entonnoir ; feuillets peu décurrents, d'un rouge-orangé, ainsi que la chair ; suc âcre, couleur de carotte ; pédicule d'abord plein puis creux, aminci à la base.

Section GYMNOPE ; GYMNOPUS. (*Pers.*)

Ni volva, ni collier ; Pédicule plein ; Chapeau épais ; Feuillets ne noircissant pas avec l'âge.
† Spores blanches.

16. AGARIC SOCIAL ; AGARICUS SOCIALIS. (Pl. 1. Fig. 1.)

Dec., Fl fr. Supp. 473. (En gascon, CASSOUATO, CASSENADO.)

Ce champignon est connu dans le département et aux environs de Toulouse sous le nom de *Cassouate* ou *Cas-*

----

(1) D'autres, largement creusés en entonnoir, avaient une chair qui, déchirée ou meurtrie, passait bientôt à une couleur d'un vert-livide et laissait échapper un liquide roussâtre. Quand on les mâchait, ils laissaient de l'amertume à la bouche.

(2) La description de ce champignon manque un peu d'exactitude, les fig. 3, 4, 5, de la planche 51, n'ont pas la couleur convenable. Celle que M. Noulet a donnée est bien préférable, mais on aurait dû indiquer la couleur du suc et les zones du chapeau.

sénado, parce qu'il vient dans le voisinage des vieilles sou-
ches de chêne (*cassé*). Il est très-estimé dans les campagnes ; on supprime le pédicule et le chapeau se mange
seul.

Il croît par touffes de quinze à vingt pieds. Le chapeau,
fauve ou roussâtre, mamelonné au centre, a 2 à 3 pouces de large et les bords légèrement roulés en dessous.
Les feuillets sont de couleur rousse et décurrents sur le
pédicule. Celui-ci est plein, cylindrique, épais de six à
huit lignes et blanchâtre à sa partie supérieure ; il devient
noir et s'amincit insensiblement à la base.

17. AGARIC DU PANICAUT ; AGARICUS ERYNGII. (Pl. 5. Fig. 5.)

Dec. Fl. Fr., 6, *p.* 47; *St-Am.*, *Fl. ag.*, *p.* 575 ; *Fungus eryngii*; *Magn.*
Bot, 103. (En gascon, CARDOUETO.)

Chapeau convexe, puis déformé, d'une couleur rousse
ou bistrée ; bords légèrement roulés en dessous ; feuillets
décurrents, blanchâtres ; pédicule de la même couleur et
souvent excentrique ; chair blanche et très-ferme.

Ce champignon ne vient que sur les racines à demi
pourries du chardon-roland, (*Eryngium campestre.*) On
le trouve en automne, dans les friches et le long des chemins ; il a une odeur agréable et passe pour un aliment
délicat. On en fait usage dans nos campagnes, où il est
connu sous le nom de *Cardoueto* (1). — *Friches de Borde-
Neuve, de Daouazan.*

18. AGARIC VIDEAU. (Pl. 6. Fig. 1.) (*Laterrade.*)

(En gascon, BIDAOUS, BARAGUAYNO.)

Cet Agaric est fort commun au mois de novembre,
dans les landes boisées de notre département. Il est d'une
qualité médiocre, cependant on le porte sur le marché

---

(1) Du mot *Cardoun*, chardon.

de Nérac. Voici ses caractères distinctifs : Chapeau jaune-sale, convexe, ensuite concave, large de trois à quatre pouces; feuillets entièrement libres, jaune-clair ; pédicule assez épais, cylindrique, de la couleur des feuillets ; chair ferme, épaisse et d'un goût assez insignifiant, un peu nauséabonde avant la cuisson.

19. AGARIC DES MONTAGNES; AGARICUS OREADES. (Pl. 4. Fig. 2.)

Bolt., t. 151; *Ag. pseudo-mousseron, Bul.*; *Fl. ag.*, p. 576. (Vulg. FAUX MOUSSERON, MOUSSERON D'AUTOMNE.)

Le mousseron d'automne est tout entier d'un blanc jaunâtre ; son pédicule est allongé, grèle et cylindrique ; il se tord par la dessiccation ; de là le nom d'*Agaricus tortilis* (*Dec*). Le chapeau d'abord convexe, s'aplanit peu-à-peu, mais le centre reste quelquefois proéminent ; la chair est mince, et les feuillets, assez espacés, sont adhérents au pédicule.

Cette espèce est plus commune que la suivante, (agaric mousseron), mais bien moins délicate. On la trouve fréquemment dans les friches, les pâturages et au bord des bois. On l'apprête et on la dessèche comme le véritable mousseron.

†† Spores roses.

20. AGARIC MOUSSERON; AGARICUS MOUCERON. (Pl. 4. Fig. 3, 4.)

Bull., t. 172; *Fl. ag.*, p. 576. (Vulg. MOUSSERON; En gascon, MOUSSAIROU, MOUSSARICO.)

Ce champignon a le chapeau large d'un à deux pouces et d'un blanc tirant sur le roux ; les feuillets, très-minces, sont décurrents sur le pédicule ; d'abord blancs, ils prennent ensuite par la maturité des spores une faible teinte d'incarnat ; le pédicule est court, épais, cylindrique ; la chair ferme et cassante répand la plus suave odeur.

Le mousseron est rare dans le département et vient ordinairement dans les friches et sur les côteaux arides. On le porte au printemps sur le marché de *Sos* ; mais on le consomme rarement dans son état de fraîcheur, et on le dessèche pour les assaisonnements. Il se vend alors de dix à douze francs le demi-kilogramme. — *Friches du Kairo ; allées des vignes près Daouzan.*

Section PRATELLE ; PRATELLA. (*Pers.*)

Point de volva ; Pédicule central, nu ou colleté ; Chapeau charnu ; Feuillets qui noircissent, sans être déliquescents.

†††††† *Spores d'un bistre pourpré.*

21. AGARIC CHAMPÊTRE ; AGARICUS CAMPESTRIS. (Pl. 10. Fig. 1, 2.)

Linn., suec., 1203; *Ag. edulis*, *Bull.*, t. 134, 514; *St-Am.*, *Fl. ag.*, p. 570; *le Champignon de couche franc et la Boule de neige*, *Paulet*, p. 266 *et* 285. (Vulg. Bousigoun, Touroun ou Tout-Round.)

> . . . . Pratensibus optima fungis
> Natura est. Aliis male creditur . . . . .
> (Horat.)

On trouve ce champignon dans les prés, dans les friches, dans les bois découverts. On en connaît plusieurs variétés. La plus grande a le chapeau d'un blanc pur ; c'est *la Boule-de-Neige* du docteur Paulet ; sa forme, qui commence par être globuleuse, lui a fait donner le nom de *Tout round* (1). Peu de personnes se permettent d'en faire usage et cette variété est cependant délicieuse. Il faudrait bien de l'inattention pour la confondre avec les

---

(1) *Tout round ou touroun.* Ce dernier nom vient peut-être des larges circonférences de cercle *(Tours)*, formées à la surface des friches par une suite de ces agarics. Cette disposition circulaire, dont les paysans ne peuvent expliquer la cause, est attribuée par eux aux danses nocturnes des sorcières, et ils se défient des champignons nés sur un terrain aussi suspect.

espèces vénéneuses telles que l'Agaric bulbeux, qui en diffère surtout par les lames toujours blanches.

Dans le *Touron*, au contraire, les feuillets d'abord d'un rose tendre, deviennent noirs en vieillissant, et le voile qui les protége ne tarde pas à s'abattre en formant un collier autour du pédicule. Celui-ci est blanc comme le chapeau, d'une grosseur médiocre et légèrement renflé à la base.

La variété appelée *Bousigoun* dans les campagnes a été figurée par Paulet sous le nom de *champignon de couche franc*; elle diffère du *Touron*, par des dimensions plus petites, et la couleur du chapeau plus ou moins couvert de peluchures grisâtres. On la cultive plus particulièrement aux environs de Paris, où cet art forme une branche importante de l'industrie des jardiniers.

Quelques mycophiles, au goût délicat, à l'estomac robuste, pour mieux savourer le parfum du champignon de couche, le mangent cru à la poivrade; mais le vulgaire le prépare comme le bolet comestible, en friture ou en omelette. On le dessèche au soleil, et on s'en sert au besoin pour remplacer le mousseron. — *Prairies de Banquets, de Saint-Martin, Bois des Demoiselles, près Nérac.*

22. AGARIC PAILLET. (Pl. 5. Fig. 1, 2, 3, 4.)

Thore, Chloris des Landes; Ag. alhorufus, Pers., Ch. com., p. 191; *Ag. attenuatus, Dec., Fl. fr., suppl., p* 51; *Ag. butagnine, Duf., Not. sur les champ. com. des Landes.* (En gascon, Sahuquèro, Ouloumèro, Aoubadèro, Piouladèro. (1)

Chapeau blanchâtre, roux au centre; quelquefois cre-

---

(1) Thore assigne aussi à son agaric paillet les noms vulgaires de *Jahuguere* et d'*Aloumère*, selon que ce champignon vient au pied du sureau, *Jahuc*, ou de l'ormeau, *Aloum*. Sa description s'accorde d'ailleurs avec la nôtre, et l'identité ne saurait être douteuse. Indépendamment des noms d'aloumère et jahuquère, donnés à l'agaric paillet, on l'appelle encore piouladère et aubadère, selon qu'il vient au pied du saule et du peuplier (aouba, pioulé).

vassé et ordinairement ridé sur les bords ; se montrant souvent à sa naissance comme un bouton presque noir ou noisette-foncé, dont la teinte s'éclaircit graduellement ; feuillets adhérents, d'abord blancs, ensuite roussâtres, recouverts par un voile membraneux, qui laisse un collier sur le pédicule. Collier couvert ordinairement de spores bistrées ; pédicule blanchâtre, cylindrique, plein et filandreux, épais de trois lignes, long de trois à quatre pouces ; chair blanche et ferme.

Ce champignon a le goût et l'odeur de l'agaric champêtre et n'est pas moins estimé.

M. Noulet l'a décrit et figuré sous le nom d'agaric atténué, *Dec.* ; vulg. *Champignon du saule* et *Pivoulade*, c'est-à-dire *Peuplière*. L'agaric *butagnine* de M. Dufour, semble avoir aussi de grands rapports avec l'agaric paillet. Les figures que nous nous proposons de publier, contribueront peut-être à éclaircir les doutes. — *Saint-Martin*, *Padouen*, *au pied des ormeaux, des saules, des sureaux.*

Section LEPIOTE ; LEPIOTA. (*Pers.*)

Feuillets recouverts dans leur jeunesse par une membrane complète qui se déchire et laisse un collier sur le pédicule.

† *Spores blanches.*

23 **AGARIC ÉLEVÉ ; AGARICUS PROCERUS.** (Pl. 7. Fig. 3, 4.)

Scop., p. 418 ; *Ag. colubrinus, Bull., t.* 78, 583. (En gascon, COURNET ; Dans les Landes, MORT DE RED.)

Cet agaric, fort commun dans les Landes, atteint quelquefois des dimensions monstrueuses, et on voit des individus dont le chapeau, d'un pied de diamètre, est soutenu sur un pédicule long de dix-huit pouces. Le *corné* a la chair blanche et un peu filandreuse ; il est agréable au goût et on en fait généralement usage, surtout à la fin de l'automne. On le prépare ordinairement en le faisant cuire sur le gril et en l'arrosant d'huile d'olive.

Sa forme, bien caractérisée, empêche de le confondre avec les espèces vénéneuses. Le chapeau, d'abord ovoïde, puis conique, finit par devenir plane. Il est d'une couleur bistrée et couvert de débris de l'épiderme qui se soulève en écailles ou en petites lanières ; ses bords, dans le premier âge, adhèrent au pédicule, mais ils ne tardent pas à se déchirer en laissant sur celui-ci un collier mobile. Le pédicule est renflé à la base en forme de bulbe, moucheté à la surface comme la peau d'une couleuvre, et creusé d'un canal au centre duquel est tendu un fil cotonneux. Les feuillets sont blancs, sans adhérence et se terminent en une sorte de bourrelet annulaire. — *Landes, bois des Demoiselles.*

Section AMANITE ; AMANITA. (*Pers.*)

Volva enveloppant plus ou moins le champignon dans la jeunesse.

† *Spores blanches.*

24. AGARIC DES CÉSARS ; AGARICUS CÆSAREUS.
(Pl. 2. Fig. 1, 2, 3, 4, 5.)

Scop., p. 419, (*non Schœff.*);*Agaricus aurantiacus, Bull., t.* 120; *Fl. ag.,* p. 588 (Vulg. Ononge ; En gascon, Uouèro.)

L'orange est d'abord entièrement enveloppée dans une volva blanchâtre, qui se déchire bientôt et laisse à découvert un chapeau d'une belle couleur safranée. Dans cet état elle a quelque ressemblance avec un œuf, dont la coquille brisée laisserait apercevoir le jaune. De là le nom gascon *Uouèro.* Le chapeau, d'abord convexe, s'aplanit graduellement, il est strié et souvent crevassé sur les bords ; le voile membraneux qui protège les feuillets, se détache et retombe sur le pédicule ; celui-ci est d'un jaune pâle, cylindrique et rempli d'une moëlle légère ; les feuillets sont de la même couleur et formés de deux lames juxta-posées sans adhérence avec le pédicule.

Ce champignon naît après le cep au mois d'octobre. Il faut bien se garder de le confondre avec la fausse oronge, *Ag. muscarius. Bull.*, poison violent, qui a causé quelquefois de funestes méprises. Cette espèce, assez commune aux environs de Paris, est heureusement fort rare dans notre département ; elle se trouve dans les *bois de Lignac.*

CARACTÈRES DISTINCTIFS DES DEUX ESPÈCES.

Oronge vraie.	*Fausse Oronge.*
1° Pédicule et feuillets jaunes.	1° Pédicule et feuillets blancs.
2° Chapeau d'un jaune-safran, sans taches blanches.	2° Chapeau d'un rouge-éclatant, couvert de taches blanchâtres provenant des débris de la volva.
3° Volva complète, odeur agréable.	3° Volva incomplète, odeur nulle.

L'oronge passe encore aujourd'hui pour un des meilleurs champignons dont on puisse faire usage. Les Romains l'appréciaient singulièrement ; ils l'appelaient *le Roi des champignons*, et le préféraient même à la truffe, comme on peut le voir par ce distique de Martial :

Rumpimus altricem tenero de vertice terram
Tubera ; Boletis poma secunda sumus.

25. AGARIC FARINEUX ; AGARICUS FARINOSUS. (Pl. 4. Fig. 1.)

Fungus esculentus magnus, è volva erumpens, totus albus, graviter odoratus, lamellis crebris et creberrimè denticulatis, pediculo obeso, annulato. Mich., Nov. gen., p. 184.

Cette phrase de Micheli caractérise parfaitement l'espèce qui va être décrite : — Champignon entièrement blanc ; volva complète, épaisse, d'un blanc roussâtre ; chapeau convexe, lisse et satiné, de quatre à dix pouces de diamètre ; feuillets doubles, libres, finement dentelés, recouverts, dans la jeunesse, par un voile complet qui se déchire et se résout en lambeaux farineux, dont une partie adhère au pédicule, l'autre demeurant suspendue en flocons aux bords du chapeau ; pédicule plein, épais, ferme, cylindrique, recouvert d'écailles farineuses ; odeur forte ; la chair est blanche, épaisse, d'un goût douceâtre mais agréable et analogue à celui de l'oronge.

M. Vittadini, dans son Traité des champignons comestibles, a publié une figure fort exacte et une très-bonne description de l'agaric farineux, dont il fait connaître le nom vulgaire, *Farinaccio* (1). Il est surprenant que ce botaniste ait donné pour synonyme à cette espèce *l'Agaricus ovoïdes* de Bulliard, pl. 364. Les figures publiées par Bulliard et M. Vittadini offrent de grandes différences et ne peuvent se rapporter au même champignon. Dans *l'agaricus ovoïdes*, en effet, le collier est épais et irrégulier, mais nullement farineux ; le pédicule parfaitement lisse, n'est pas couvert de légers flocons comme dans l'agaric farineux ; enfin, Bulliard dit que son espèce n'a

---

(1) *Velo incompleto, in glebas farinosas soluto, circà margines obtecto. Fungus esculentus, graviter odoratus.* (Vittadini.) Ce botaniste ajoute qu'on vend ce champignon sur la place publique de Voghera. Paulet, qui cite Micheli, dit aussi que les gens de la campagne l'apportent au marché de Florence.

pas une odeur bien caractérisée de champignon. Comment se fait-il encore que Decandolle et Fries aient pu donner pour synonyme à *l'Oronge blanche* de Bulliard, le *Fungus esculentus... pediculo maculis subpurpureis notato*, décrit par Micheli, pl. 185, et la *Coquemelle* de Paulet, dont les feuillets sont d'un *rose tendre*, tome II. pl. 318.

L'agaric farineux est très-commun dans les terrains calcaires, les friches et les bois découverts de notre département. Il est fort estimé dans les contrées méridionales. On n'en fait guère usage dans ce pays, et cette méfiance est justifiée par de nombreux accidents occasionnés par l'agaric bulbeux et d'autres champignons blancs, qui ressemblent beaucoup à celui-ci, et peuvent donner lieu à de funestes méprises. — *Friches du Caudère, passade du Tasta, côteaux de Serbat, bois de Daouzan.*

ACTION DES CHAMPIGNONS VÉNÉNEUX. — MÉDICATION.

La composition chimique des champignons se rapproche beaucoup de celle des substances de nature animale. Comme celles-ci, ils contiennent de l'albumine, de l'osmazôme, de la gélatine. On a trouvé de plus dans les espèces vénéneuses, un principe narcotico-âcre, auquel elles doivent leurs propriétés délétères.

Les champignons vénéneux manifestent leur action sur l'économie, après cinq ou six heures seulement, quelquefois plus tard. Les nausées, les douleurs d'entrailles et d'estomac sont les premiers symptômes d'empoisonnement; les crampes, le délire, les convulsions surviennent ensuite. Le poison occasionne sur la membrane muqueuse une violente inflammation bientôt suivie de gangrène.

Les remèdes à administrer en pareil cas varient suivant les circonstances; mais il paraît que les émétiques doivent jouer le principal rôle. Il faut donc se hâter de faire vomir les malades, à l'aide de l'eau chaude ou du tartre stibié.

Ces premiers secours peuvent être fort utiles, en attendant l'arrivée d'un médecin. L'éther sulfurique administré après l'évacuation des champignons, a souvent donné les plus heureux résultats....

Néanmoins, les empoisonnemens par les champignons sont rares dans nos contrées; M. Léon Dufour, dans une pratique médicale de trente années, n'a pas trouvé l'occasion d'en constater un seul cas ; les paysans qui approvisionnent nos marchés, n'y présentent qu'un petit nombre d'espèces très-connues, les seules qu'ils puissent espérer de vendre ; et les personnes qui se plaisent à cueillir dans les bois des champignons pour leur usage, sont encore plus circonspectes. Dès-lors beaucoup d'espèces parfaitement inoffensives sont rebutées, et seraient cependant une précieuse ressource dans les campagnes si l'on savait les apprécier. C'est ainsi que les excellents ceps des bois de Meudon et de la forêt de Saint-Germain étaient naguère brisés à coups de pied par les passants; et c'est seulement depuis peu d'années que les Parisiens se hasardent à les servir sur leur table.

En examinant d'un œil plus attentif les traits qui caractérisent les diverses espèces de champignons, nous écarterons aisément les mauvais, et nous jouirons sans danger des biens que la nature nous prodigue. Heureux l'auteur de cette notice, si ses faibles efforts pouvaient contribuer à cette amélioration désirable , et hâter le moment où l'on cessera de dire :

« *Et de peur de l'abus , nous bannissons l'usage.* »

APPENDICE.

Les landes d'Albret sont riches en champignons souterrains, qui devront prendre place dans la *Flore agenaise*. La liste suivante des espèces omises dans le livre de M. de Saint-Amans, sera bientôt augmentée par de nouvelles recherches.

Quelques-unes des tubéracées des Landes sont déjà connues, ayant été recueillies et décrites en Toscane par M. Vittadini; dans le département de la Vienne et aux environs de Paris, par MM. Tulasne. D'autres ne paraissent pas avoir été décrites ou sont encore nouvelles pour la *Flore française*. (1) Une notice monographique, accompagnée de figures gravées, sera publiée plus tard sur ce sujet.

1. MELANOGASTER.

Peridium roussâtre; substance celluleuse noire; spores ovales; odeur agréable de poire cuite.

2. ELAPHOMYCES.

Peridium corné, très épais, noir à la surface et entouré d'un feutre roussâtre fort serré. Poussière noire, entremêlée de filaments.

3. ELAPHOMYCES.

Peridium très-ferme, assez épais, d'un jaune doré, couvert de petites pointes prismatiques. Poussière noire, entremêlée de filaments. *Espèce trouvée dans les Landes de Saint-Lary et communiquée par M. le baron de B***.*

---

(1) M. le professeur M. Corda, directeur du muséum de Prague, a récemment publié deux espèces nouvelles de tubéracées recueillies dans les Landes d'Albret, et leur a donné les noms d'*Ologaster Lespiaultii* et *Tuber Lespiaultii*.

4. Hymenogaster.

Peridium mince, jaunâtre, gibbeux, irrégulier ; substance grisâtre, spores ovoïdes-fusiformes ; soutenues sur des basides allongées.

5. Hysterangium durriæanum. — Tul.

Peridium arrondi, épais, roux, jaunâtre, entouré de nombreuses fibrilles formant une sorte de réseau ; substance grisâtre. (Sur le sable des landes.)

6. Hysterangium rubescens. — Tul.

Peridium ovale ou turbiné, roussâtre, très mince, muni d'une longue racine pivotante et de quelques fibrilles, substance d'un gris jaunâtre. (Sur le sable.)

7. Genea spherica. — Vitt.

Noire, arrondie, souvent aplatie d'un côté comme un marron, légèrement verruqueuse ; odeur empyreumatique très caractérisée.

8. Genea verrucosa. — Vitt.

Noire, finement verruqueuse, couverte de grosses gibbosités séparées par des lacunes profondes ; odeur de truffe comestible.

9. Tuber cibarium. — Sibth.

10. Tuber, vulgairement Samaroque.

Diffère de l'espèce précédente par les caractères suivants : Substance d'abord blanche, ensuite grisâtre, marbrée de quelques veines peu nombreuses, spores ovales beaucoup plus hérissées que dans la truffe comestible ; odeur musquée très pénétrante. — Comestible.

11. Tuber album. — Bull.

Trouvée aux environs d'Agen par M. de Saint-Amans
et communiquée à Bulliard ; décrite et figurée par l'auteur de cette notice dans les *Annales des Sciences naturelles.*
(Novembre 1844.)

Voici ses principaux caractères : Peridium très-mince,
blanchâtre, roux, ensuite fauve ; substance tendre, cassante, d'abord blanche, puis d'un gris-violacé, largement
marbrée de veines blanches ; spores arrondies, visibles à
l'œil nu, paraissant comme crénelées sur les bords ; épispore réticulé ; nucleus roussâtre rempli de granules transparents ; odeur de gaz d'éclairage.

12. Tuber.

Peridium roussâtre, lisse ou finement verruqueux, épais,
cartilagineux ; substance compacte, ferme, d'abord blanche, puis grise, marbrée de veines blanchâtres, déliées,
anastomosées ; spores alongées, hérissées ; odeur assez
agréable, se rapprochant de celle de la truffe comestible.

13. Tuber excavatum. — Vitt.

Peridium roux, arrondi, épais, cartilagineux ; chair
grisâtre, obscurément marbrée, excavation irrégulière au
centre ; consistance et odeur de l'espèce précédente ; utricules pédiculées, allongées presque en forme de thèques ;
spores rondes ; nucleus entouré d'un réseau à mailles hexagonales très apparent (1).

---

(1) Il existe une ressemblance étonnante entre les spores de quelques truffes et les grains de pollen de certaines plantes ; *(mirabilis jalapa , phlox paniculata, Gomphrena globosa)*.
Cette parfaite analogie est-elle simplement un effet du hasard ?

POLYPORE ; POLYPORUS. — Mich.

APUS ; † ANNUI. — Fries.

POLYPORE A LONGS TUBES ; POLYPORUS LONGITUBUS.

Entièrement blanc, ou faiblement lavé de roux ; chapeau dimidié, très-hérissé en dessus ; substance épaisse, charnue, aqueuse, blanche, avec des zones concentriques, grisâtres ou violacées ; tubes fins, irréguliers, d'un pouce à dix-huit lignes de long ; spores ovales, soutenues sur des basides aigues, quadri-partites ; largeur de 4 à 10 pouces ; poids 1 kilogramme ; odeur agréable.

Ce beau polypore a été observé plusieurs années de suite et dessiné à ses diverses périodes de développement ; il est très-rare et se trouve sur le chêne liège.

TABLE

DES NOMS FRANÇAIS ET DES NOMS VULGAIRES.

TABLE

DES NOMS LATINS.